园林钢笔画表现技法

YUANLIN GANGBIHUA BIAOXIAN JIFA

王林 王海侠 编著

东华大学出版社

内容提要

本书完整地讲述了园林钢笔画的基础理论和表现技法，内容全面系统，具有较强的针对性和教学指导性，全书包括五个章节，分别从园林钢笔画的工具和特点、训练与要求、作画步骤、树木的表现技法、建筑的表现技法、水体的表现技法、 人物的表现技法、车体的表现技法、古典园林风景实例、园林风景花木实例、 园林风景山石实例与写生等方面进行归纳和总结，内容循序渐进并形成了一套较为科学的学习体系。

图书在版编目（C I P）数据

园林钢笔画表现技法 / 王林，王海侠编著. —— 上海:

东华大学出版社，2013.8

ISBN 978-7-5669-0347-1

Ⅰ.①园.Ⅱ.①王.②王.Ⅲ.①园林艺术 – 钢笔画 – 绘画技法

Ⅳ.①TU986.1

中国版本图书馆CIP数据核字(2013)第194745号

责任编辑：马文娟　李伟伟

版式设计：唐　蕾

封面设计：魏依东

园林钢笔画表现技法

王林 王海侠 编著

出　　版：东华大学出版社（上海市延安西路1882号，200051）

本社网址：http://www.dhupress.net

天猫旗舰店：http://dhdx.tmall.com

营销中心：021-62193056　62373056 62379558

印　　刷：苏州望电印刷有限公司

开　　本：889 mm×1194 mm　1/16

印　　张：9

字　　数：317千字

版　　次：2013年8月第1版

印　　次：2013年8月第1次印刷

书　　号：ISBN 978-7-5669-0347-1/TU·016

定　　价：32.00元

前言

　　钢笔画是建筑师、园林设计师、环艺设计师必须掌握的技能之一，也是探讨设计方案的表现方法之一。

　　近年来随着国内相关园林行业的迅速发展，部分建筑、园林、美术院校的相关专业将钢笔画作为一门单独的专业基础课程进行设置，考研与就业大多需要有手绘表现能力，园林钢笔画手绘的价值被广为认知和推崇。社会上出现了不同层次的钢笔画培训班，而形成反差的是教材建设方面的相对滞后，学生苦于没有一本合适的教材，根据这些情况编者精心编写了《园林钢笔画表现技法》一书。本书完整地讲述了园林钢笔画的基础理论和表现技法，内容全面系统，具有较强的针对性和教学指导性。全书包括五个章节，分别从园林钢笔画的工具和特点、训练与要求、作画步骤、树木的表现技法、建筑的表现技法、水体的表现技法、人物的表现技法、车体的表现技法、古典园林风景实例、园林风景花木实例、园林风景山石实例与写生等方面进行归纳和总结，内容循序渐进并形成了一套较为科学的学习体系。

　　在编写过程中，注重实战性，同时兼顾科学性和系统性，从单体、园林小品到景观的整体表现均贴近园林专业学科特点。本书内容充实，包含大量的钢笔画作品，供学生学习和临摹，以不断提高绘画技法及绘画表现力，对于夯实快速表现的基础是很有帮助的。

　　本书由从事多年教学工作的一线教师在教学研究和工作实践的基础上编写而成，但由于水平有限，书中难免有疏漏，希望广大读者批评指正。

王林 王海侠

2013 年 5 月于河北保定

目 录 CONTENTS

第 1 章
园林钢笔画概述

钢笔画是一种具有独特美感且十分有趣的绘画形式，通过线条的轻重疏密来表现对象的明暗关系，其特点是用笔洒脱自然，线条刚劲流畅，黑白对比强烈，画面效果细密紧凑，对所画对象既能做细致的刻画，也能进行必要的艺术概括。

园林钢笔画是用线条来表现所画物象的形状、姿态、结构和运动。国外比较推崇手绘效果图，而手绘效果图最基本的要素就是钢笔线条，钢笔线条与马克笔或彩铅、水彩共同完成设计效果图。而一幅用笔娴熟、场景传神的效果图取决于是否掌握钢笔画的徒手绘制能力，这是效果图的骨架和根本。通过园林钢笔画的学习可以培养学生对园林景观的表现能力，提高景观绘画的综合素养，为后续的设计表现课和专业课夯实基础。

1.1 园林钢笔画的特点

园林钢笔画的表现内容和用笔技巧不完全等同于建筑钢笔画，有其自身的手绘语言和表现重点。园林钢笔画主要是以线条表现景观的，而线在造型中的运用与掌控，关乎整幅画作的成败。钢笔画用线讲究虚实、快慢、轻重、疏密等技巧。在写生时要充分理解植物的生长特点，根据其生长态势采用不同的表现方式，这对于园林钢笔画学习和创作是至关重要的。

此外，画者的绘画状态也很重要，首先要尽快进入积极情绪之中，线条必须控制速度与节奏，把情感注入其中，酣畅淋漓、行云流水般地尽致表达，这样画出的钢笔画往往具有盎然的生机和较强的视觉冲击力。所谓手随心动就是说线条在某种意义上表达了画者的心灵感受。园林钢笔画对"眼到、心到、手到"的要求更高，越是初学者，手越容易颤抖，线条僵化而没有层次。这就需要学生在学习过程中，勤于观察，乐于动手，对绘画对象有充分的认识和理性的分析，只有这样才能概括、准确地表现所画对象，形成独具风格而又别有韵味的作品。

学习初期，一定要扎扎实实打好基础，客观、全面地理解所画对象所处空间、结构、性格特征等要素，尽可能多的做练习，积累经验，养成绘画手感。在掌握了钢笔画的表现方法和技巧后，可以临摹一些成熟作品，认真揣摩，有效借鉴，万不可一开始就耍帅气、走个性。

1.2 园林钢笔画的工具材料

钢笔画的工具和画材，无外乎笔、纸和画板。

1.2.1 常用笔

● 钢笔

钢笔是一种常用的绘画工具，墨水盛装在中空的笔管内，通过重力作用经由鸭嘴式的笔头来实现绘画。钢笔容易携带，笔调清劲、轮廓分明，这也是钢笔被作为表现园林手绘常用工具的原因之一（图1-1）。

图 1-1 钢笔

● 蘸水笔

蘸水笔从蘸水羽毛笔发展而来，是钢笔画常用的一种工具，其特点是笔尖可正反使用，线条能根据力度、角度与所蘸墨水的量的不同产生灵活的粗细变化，但绘写过程中需要频繁蘸墨水，所以携带有所不便，但使用来却很好用。蘸水笔的笔尖种类很多，每种笔尖的软硬与弹性的程度各有不同。蘸水笔笔尖主要包括 G 笔、D 笔、圆笔和学生笔。G 笔：笔尖富有弹性，容易控制线条粗细变化，因为能画出抑扬顿挫之感的线条，通常用于绘制对象框架主线；D 笔：弹性比 G 笔、圆笔小，较易控制线条的粗细变化，常用于表现细节；圆笔：弹性大，易划纸，常用于描绘细部，也可将笔尖翻个面使用；学生笔：弹性小，所画线条粗细较为均匀，常用于绘制边线和效果线。（图1-2）。

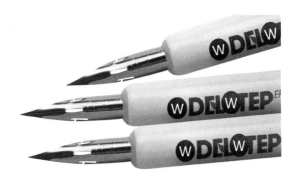

图 1-2 蘸水笔

● 针管笔

针管笔又称绘图墨水笔，是专门用于绘制墨线线条图的工具，可画出精确的且具有相同宽度的线条。针管笔的运笔过程没有蘸水笔那么富有变化，墨色的控制也不及蘸水笔笔尖自如。笔身是钢笔状，笔头是长约 2 厘米的中空钢制圆环，里面藏着活动细钢针，上下摆动针管笔，能及时清除堵塞笔头的纸纤维。绘制线条时，针管笔身应尽量保持与纸面垂直，以保证画出粗细均匀的线条。用较粗的针管笔作画时，落笔及收笔均不宜停顿，应干净利落。平时须注意保养，不使用时应随时套上笔帽，以避免针尖受损和墨水干枯堵塞针管（图 1-3）。

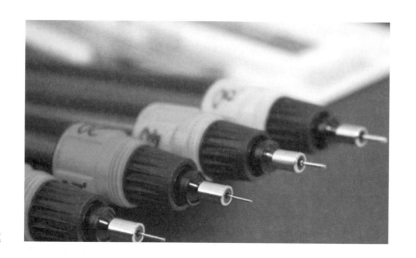

图 1-3 针管笔

● 中性笔

书写介质的黏度介于水性和油性之间的圆珠笔称为中性笔。中性笔兼具自来水笔和圆珠笔的优点，绘画手感舒适，油墨黏度较低，因而比普通油性圆珠笔更加顺滑，是油性圆珠笔的升级产品。中性笔内装一种有机溶剂，其黏稠度比油性笔低、比水性笔高，中性笔墨水最大的优点是墨水流动稳定顺畅（图 1-4）。

图 1 -4 中性笔

● 美工笔

美工笔是借助笔头倾斜度实现粗细线条变化的特制钢笔,应用起来较为灵活,线条有粗细变化、刚劲有力。手腕用力要有技巧,笔同纸面的角度不同,画出来的线条也是不同的,笔尖立起来用时,画出的线条细密;笔尖卧下来用时,画出的线条则宽厚;笔尖反过来画,线条细腻、可以排线画阴影部分。一般来说,美工笔被广泛应用于美术绘图、硬笔书法等领域,是艺术创作的首选工具(图1-5)。

图 1-5 美工笔

1.2.2 常用纸张

钢笔画由于其作画的特点,所以,需要纸张的密度高、结实、无光(不上蜡的哑光)。园林钢笔画的用纸一般没有严格的规定,除非要表现特殊的效果,一般用复印纸、素描纸、速写纸、卡纸、绘图纸、硫酸纸。

● 复印纸

纸面光滑,吸水性适中,在一般的非正规手绘表现中最常用的是 A3 和 A4 两种型号。

● 素描纸

纸质较厚,纸面略粗,便于附着颜色和表达质感。

● 速写纸

速写纸一般来讲纸张较厚,纸品较好,多为活页以方便作画,有横翻、竖翻不等。

● 卡纸

卡纸是介于纸和纸板之间的一类厚纸的总称,纸面较细致平滑,坚挺耐磨。

● 绘图纸

　　绘图纸质地紧密而强韧，具有优良的耐擦性、耐磨性、耐折性。适于铅笔、马克笔、墨汁笔等书写。

● 硫酸纸

　　硫酸纸是传统的图纸绘制专用纸张，平整厚实，不易破损。但它对铅笔不太敏感，所以最好用绘图笔。在平时练习中是常用的拓图纸张。

1.2.3 其他

● 橡皮

　　橡皮可以算作园林钢笔画的辅助作画工具。可以将其削尖，擦拭出局部高光效果或对画面的某些局部墨色做减弱处理。橡皮有普通橡皮和含金属未橡皮之分，前者柔软不易伤纸，后者的擦拭能力稍强一些，但容易伤纸（图1-6）。

● 画板

　　绘画时常用来垫画纸的平板，手持或放膝盖上使用。画板大小随使用者要求而定，多为木制，轻盈、光滑，美术用品店有售，亦可自制（图1-7）。

图1-6 橡皮　　　　　　　　　　　　　　图1-7 画板

1.3 园林钢笔画的形式语言

钢笔画既是线的艺术又是黑白的艺术,就造型方法而言,一是以线为主的线描造型方法;二是明暗调子式造型方法;三是线条与调子结合的方法。

1.3.1 以线为主的线描造型方法

线描造型方法具有简洁、概括的特点,看似容易的线描形式,实际需要高度的组织概括和掌控线条的能力。在画面形式上,注重线的疏密对比与穿插组织,体现画面简约明快的构图形式,线条与明暗调子都要明确而不含糊。园林钢笔画大多以线条作为主要造型手段,一般用笔讲究流畅、形神兼备,有别于素描性质的钢笔画(图1-8~图1-11)。

图 1-8 室内沙发线描

作品是以线条的形式表现完成的,用线连贯,具有丰富的表现语言与深刻的内涵,画面中线的形式感很强。

图 1-9 客厅线描

　　作品表现的是客厅，画面线条
流畅，物品器具也比较生动。线条
粗细、曲直的变化较为得体。

图 1-10 街头

　　作品选用了一点透视的画法，植物表现用笔轻松自然，
叶片和茎的处理也恰到好处。注意建筑用线不要过于僵硬，
要有松紧变化，不要刻意追求线的笔直，毕竟写生钢笔画
不同于尺规绘图。

图 1-11 大树与木屋

　　这幅钢笔画作品笔线变化丰富，树木、建筑及矮墙的处理虚实得当，质感上表现生动。注意在处理阴影部位时，线条力度要均匀，彼此间距规整，方向适当变化，使之既不呆板又不过于跳跃。

1.3.2 明暗调子式造型方法

明暗调子式画法在西方已经确立了五六百年的时间，是来源于素描的绘画方式。运用钢笔明暗画法时要注意对明暗调子对比的准确把握，灰调子不宜过多。调子基本上是用轻重、疏密，排线方式的不同来区分和表现的。用线讲究方向与粗细、坚挺与柔软，注意画面的留白（图1-12，图1-13）。

图 1-12 远山与树林

作品主要用明暗调子式的造型方法完成，点、线、面造型元素运用恰当，具有较好的黑白灰关系，画面远近、虚实把握也较为得体。

图 1-13 自然景色

作品以短促有力的线条表现了松林，以约八条排列的笔线为一簇，簇与簇之间有小角度的变化，整片松林表现地很完美。远山则以略长的线条勾勒，线条的曲直和力度变化得当。

1.3.3 线条与调子结合的造型方法

此造型方法是线条和调子两种画法完美的结合，兼有线条的骨感俊秀又不失调子的厚重，画面给人一种丰富、饱满的视觉感受。两种方法的结合丰富了钢笔的绘画语言，使绘画过程更加自如、顺畅（图 1-14，图 1-15 ）。

图 1-14 湖水与大山

这幅画黑白灰关系明确，较好地表现了近景、中景和远景。无论是表现远处的山体还是近处的河流，线条疏密、长短运用自如，组织穿插有序。

图1-15 农家前院

　　这幅钢笔画作品，既讲究线条的俊美又不失调子的厚重。橡子和竹筐的表现生动，局部刻画细致。暗部用密集笔线形成的黑块来表现，作品格调清新、表现大方。

　　园林钢笔画形式语言是以线条表现物象基础的。线条的长短、粗细、曲直、快慢乃至线条疏密的运用都具有很强的形式感和独特的艺术价值。线条在其他画种中可以说是构成画面的基本元素，而中国人对于毛笔与线条的认识与运用无疑早已达到出神入化的境地。

　　中国书法艺术具有高度的装饰性和艺术性，被誉为无言的诗，无行的舞；无图的画，无声的乐。以用笔的轻重和徐疾、笔锋的开合及落笔位置的变化等写出各种形象的文字。在学习中，我们可以有效借鉴和学习书法魅力的精髓，将其融入钢笔画当中，相信所画作品一定是颇有意境的。另外，园林钢笔画表现方法应该是自由而多变的，不能被一种固有的概念或表现形式所困扰，而应根据物象的不同因势利导地去表达整体环境，才能不断的创新和突破。

第 2 章
园林钢笔画基本功训练与要求

2.1 钢笔画笔线的表现能力训练

在园林钢笔画快速表现中钢笔线条是最为主要的表现形式。线的表达要根据对象特点，把握好线条的力度和速度，并结合线的粗细、强弱等对比来表达对象的形体关系和空间关系。起笔、落笔要果断顺畅，不能犹豫不决，知道什么时候起笔，什么时候转折，什么时候收笔或甩笔。运笔要稳、准、狠，准确地表现所画对象的特征。注意从以下几方面进行训练（图2-1，图2-2）。

图 2 -1 笔线练习

线条的训练和练习是画好钢笔画的基础，注重线条凹凸变化的节奏和运笔方向的转折。注意养成手感，在练习中摸索、总结和创新。

(1) 学习如何使用线条去反映客观事物的基本形态，组织好线的疏密与重叠，线与线之间要相互协调和衬托。

(2) 学习如何使用线条去表现物体的肌理质感与性格特征，如刚直顿挫的线条可以用来表现坚硬的石头，而轻柔婉转的线条则更适宜表现有生命的植物。

(3) 线条合理组织和穿插对比，是表现物体基本属性和画面结构的重要方法，对画面的结构、布局也有很大的影响。

(4) 线条是在手的控制下产生的痕迹，线条在某种意义上表达了画者的心灵感受，所以要用心去感受所画物象带给人的力量和风貌。把握线条的力度、速度和形式，借助线条、笔触传达凝重、轻盈、跳跃等多重情感。

图 2-2 植物练习

　　这是一组植物钢笔画作品,植物叶子的表现是重点,处理手法上应先在植物形体边缘画出具象的叶子形状来交代植物类别,再用连贯、概括的线条表现植物全貌。

2.2 绘画表现的主观概括能力训练

　　绘画有别于摄影,就是忠实于自然的同时,又在绘画过程中渗入作者的感受,将感兴趣的、经大脑提炼的景色表现出来,而不是一味照抄自然。有的学生对自然界的景色很感兴趣,什么都想画,结果画面没了重点和主题;也有学生总感觉景色很平庸,没有气吞山河的气势,挑不起作画的欲望,作品黯然失色。

　　景观可以说是复杂而无序的,要画好一幅优秀的钢笔画,首先,要合理构图,正确理解和判断环境中所画对象的质感、体量、光影、色彩、面积之间的关系;其次,要学习正确的观察方法,用眼睛仔细真切地看,用耳朵去听,然后用心细细品味,找出其中内在的规律并加以概括和组织。一幅轻松舒朗的上乘钢笔作品,用笔要合情合理,而又富于变化,屏气凝神甚至能呼吸到清新的空气,聆听到潺潺的水流。

　　总的来说,概括能力训练应是归纳、概括、表达对象实质的内涵,绝不是对绘画对象的照搬照抄。对所画的对象要产生创作激情,要把情感注入笔端,并将对物象的感受力、思维分析能力和表现力贯穿一体,要做到:眼睛敏锐,思维敏捷,趁着新鲜感、情绪正酣时抓大形、大构架,避免看一眼画一笔的描摹(图 2-3~ 图 2-5)。

图 2-3 竹子

这是一组关于竹子的钢笔画作品。作品中竹叶多是以 "个" 字形或 "人" 字形编组出现，表现时要注意疏密有序。竹节处用笔要肯定、收放自如。

图 2-4 茅草屋

这幅茅草屋钢笔画作品表现概括、虚实处理得当，熟练的钢笔线条为整个景观增色不少。

图 2-5 小景

这是一幅园林局部效果图，画面构图稳定。对建筑、植物、人物的处理应该详略得当，需注意的是要处理好线条的轻重变化。

2.3 小构图速写的能力训练

　　小构图速写就是将一个场景中存在的的物象，通过取舍、提炼、强调来构成一组体量小巧、功能简明、造型各异、搭配合理的既有整体又有美感的画面。通过简单构图将画面营造成为一个有趣味、有节奏的视觉效果。从大处着眼、小处入手、把握整体、突出重点。在小构图速写时，应注意植物配置的高低错落，透视的远近虚实，硬体软体的合理配置等。小构图速写技法无外乎如何准确、恰当和艺术地运用点、线、面，而线的轻重缓急、强弱疏密、长短曲直、抑扬顿挫充分表现物象的外形和质感特征。在训练中，更能发挥个人的主观能动性。

　　初学者一般对透视比较头疼，而小构图速写就可以暂时撇开这种局限，先把兴趣提上来然后再言及其他。通过观察分析、提炼取舍，准确表现物体之间的相互关系、空间结构关系、人物比例与植物配置、光影和环境的关系等诸多方面，恰当地表现在纸面上。钢笔画速写往往追求画面的生动性，对于这种并无严谨透视关系的小场景，写生时除了追求线条的随意性之外，还要注意画面的紧凑性和整体性（图 2-6~ 图 2-23）。

图 2-6 花坛艺术

　　这幅园林小品画面表现紧凑，花坛的高低搭配合理，植物的繁茂和花坛的简约形成鲜明对比。

图 2-7 台阶景致

作品是以小构图的方式表现景观，构图均衡。植物用笔活泼，台阶笔线舒缓，表现极具趣味性。

图 2-8 花箱与芭蕉

作品绿植高低错落，配置合理，画面中绿色植物的生机盎然与枯枝、木箱形成了对比。

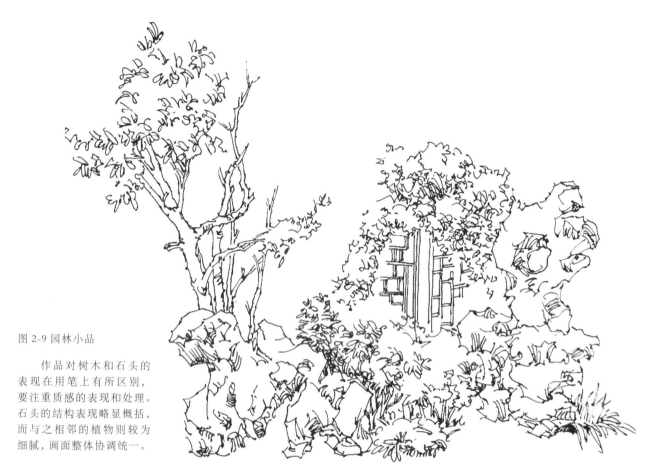

图 2-9 园林小品

　　作品对树木和石头的表现在用笔上有所区别，要注重质感的表现和处理。石头的结构表现略显概括，而与之相邻的植物则较为细腻，画面整体协调统一。

图 2-10 绿植与石块

　　作品中散布的石块容易分散视线，构图要注意整体性，同时也要突出主题。

图 2-11 绿植与秋千

作品表现时要突出主题，既不能让植物把秋千"吃掉"，也不能使之孤立。

图 2-12 绿植搭配组合

作品中绿植的表现既注意了整体性，又明确了彼此之间的位置关系。

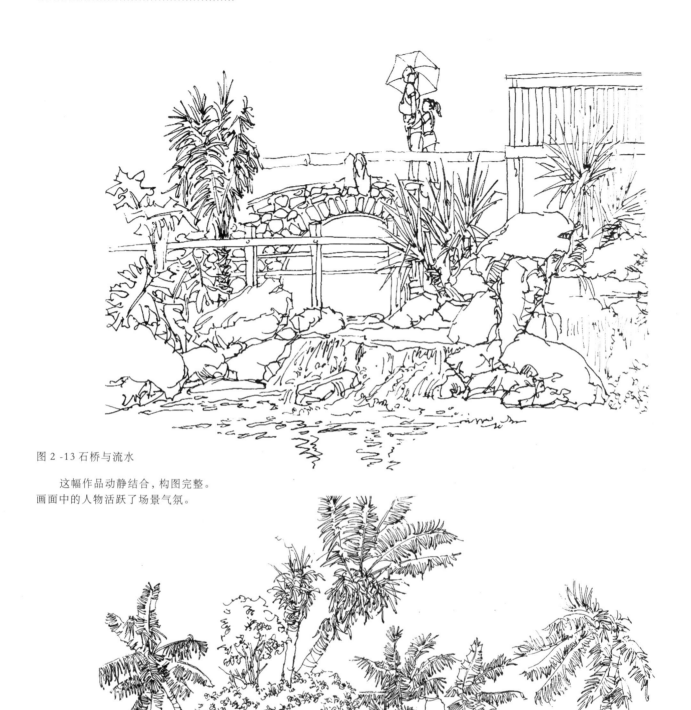

图 2 -13 石桥与流水

　　这幅作品动静结合，构图完整。
画面中的人物活跃了场景气氛。

图 2-14 椰树组合

　　姿态各异的椰树彼此呼应，注意分散布局，画面不失活跃。

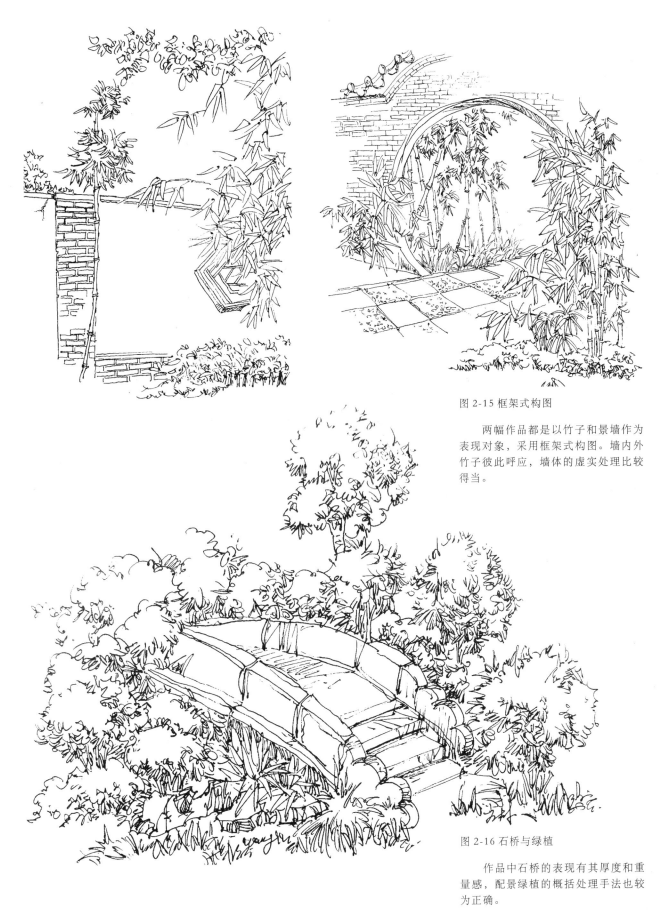

图 2-15 框架式构图

两幅作品都是以竹子和景墙作为表现对象，采用框架式构图。墙内外竹子彼此呼应，墙体的虚实处理比较得当。

图 2-16 石桥与绿植

作品中石桥的表现有其厚度和重量感，配景绿植的概括处理手法也较为正确。

图 2-17 植物组合

　　作品表现内容丰富，构图清新明快，丝毫没有拥挤之感。

图 2-18 小区门口

　　这是一幅小区局部景观效果图，植物配置与表现都很出色，空间也很通透。注意在表现景墙时，线条要尽量做到横平竖直。

图 2-19 路边绿植

作品对路边绿植的表
现用笔娴熟，疏密处理得
当。对于远处的景物表现用
笔力度要轻。

图 2-20 木踏板与绿植

这幅小构图作品重在表现不同绿植的形态，大叶的植物侧重表现叶片的舒展和叶片之间的遮掩关系，而小叶植物则以表现它的繁茂程度和层次为主。木踏板起到分割和贯穿画面的作用，使画面不至于拥挤、琐碎。

图 2-21 门外绿植

　　这幅景观效果图主要表现了门前的场景，植物虽然种类较多，但是表现生动自然，符合各自特征，疏密、虚实处理也较为得当。

图 2-22 公园一角

　　作品画面构图完整，对草丛、石块和树的表现较为生动自然。

图 2-23 花架与绿植

　　这是一幅园林景观效果图，作者巧妙地在景观中设计了花架和花台，高低的绿植掩映其中，构图生动、植物表现用笔传神。

　　收集最理想的景色进行最理想的安排，通过小构图速写能力的训练，能够不同角度表现所画物象，暂不过于深入地考虑透视问题，而要把注意力放在表现对象的形象和神采上，正确观察和处理空间关系，以增强作品的表现力。

　　小构图速写能力的训练，是初学者绘画园林场景的有效捷径，能快速提高构图、造型和概括能力。

2.4 透视画法与构图

2.4.1 透视

　　在实际的景观手绘表现中，透视的角度应根据要表现的内容以及空间形态的特征进行选择，一个合理的透视角度能很好地突出主题，清晰地表达设计意图。透视是通过相当复杂的制图求解过程来实现"自然的模仿"的，并通过图形的创作，来传达作者的思想及概念，它是一种重要的表现技术。主要有一点透视、两点透视、三点透视、散点透视、轴测、网格棋板等等，这些方法都是必须了解掌握的透视技法。透视图绘制又是一个熟能生巧的过程，平时应多加练习，练习多了在手绘的时候就能熟练顺畅地表现场景并能合乎透视关系。在这里就一点透视和两点透视分别进行探讨。

2.4.1.1 一点透视

一点透视（又称平行透视），当物体的一个主要面的水平线平行于画面，而其他面的竖线垂直于画面时，斜线消失在同一点上所形成的透视。一点透视较适合表现场景纵深，纵深感强，有整齐、稳定、庄严的感觉（图2-24~图2-28）。

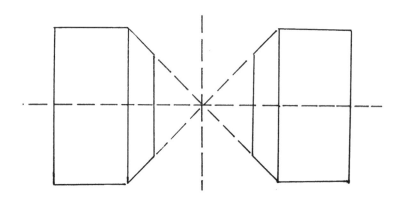

图 2-24 一点透视图

图 2-25 一点透视实例

这幅钢笔画草图，采用了一点透视的画法，一点透视便于学习与掌握，把握好进深和比例关系是画好一点透视图的关键。一点透视在画面中只有一个灭点，如果不能准确定位灭点位置，可以预先用铅笔画出来。

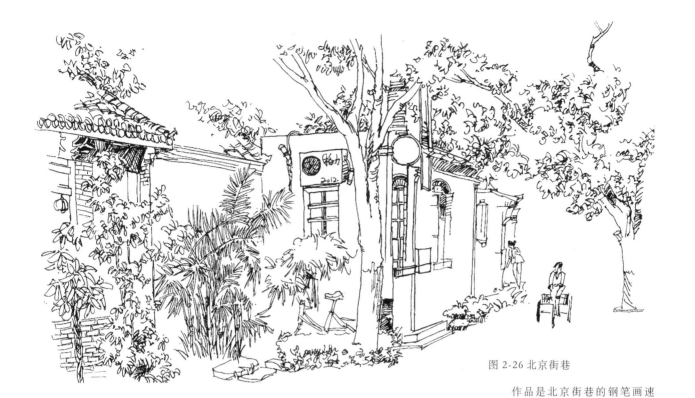

图 2-26 北京街巷

作品是北京街巷的钢笔画速写，采用一点透视画法，而这种画法的缺点是容易使画面显得呆板，所以要注意增强画面对比，丰富层次感。该作品较好地进行了近景和远景的写实与概括。

图 2-27 民居

作品虽然是一点透视，但是画面的纵深感较小，这与选取景物、视距有关。

图 2-28 清西陵写生驻地

作品用简单的线条勾勒出所要表现物体的基本位置和骨架轮廓，以及配景植物的高度，并且注意画面各参照物之间的比例关系。

2.4.1.2 两点透视

两点透视又称成角透视，当物体只有垂线平行于画面时，水平线倾斜并有两个消失点。两点透视表现的画面比较自由、灵活、富于变化，比一点透视表现的更贴近人的实际视觉感受，适合表现较为丰富和复杂的场景。绘图过程中应参照建筑物、树、人物等来把握空间比例（图 2-29~ 图 2-31）。

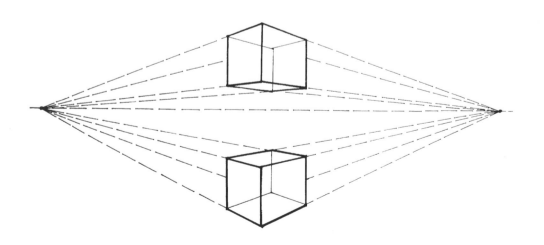

图 2-29 两点透视图

图 2-30 大门洞透视表现

作品选用了两点透视画法，表现环境中建筑物的正面和侧面，体积感较强。对人物和植物的表现恰到好处。画面构图均衡稳定，建筑线的运用准确、肯定。

图 2-31 现代景观的透视表现

两点透视是园林景观中常见的表现方法，较之一点透视复杂些。作画时可以先用铅笔画出主要透视线，定位好消失点的大致位置。配景植物的表现要适当概括，不要影响透视线的走向。

2.4.2 构图

构图也称布局，是一个动态设计过程。合理构图就是对所要表现的形体的选择、形象的组织及整个空间特定的结构的科学布局。画面内的每个角落、每个物体、形体方位等因素都应围绕主题发挥其应有的价值。

构图的原则一般遵循对称与均衡，对称与均衡两者具有内在的同一性——稳定。稳定感是画面追求的必然，符合人们的视觉习惯和审美观念。均衡与对称都不是绝对的对等，它是一种巧妙的比例关系。所谓均衡是指以画面中心为支点，画面的上下左右呈现的构图诸元素在视觉上的均势。通俗的讲，就是画面上下左右的视觉形象不能一边太满，另一边太空，或一边感到太重，另一边又感到太轻。均衡的构图给人以稳定、舒适的感觉（图2-32~图2-36）。

图 2-32 花园酒店

作品构图相对完整，对远近植物表现有所区别，虚实结合；建筑线条清秀，骨感较强。

图 2-33 椰树与小屋

　　作品通过植物所处方位表现出景观的近景、中景和远景，整个画面构图的节奏和韵律把握较好。

图 2-34 城市休闲小广场

　　这是一幅城市休闲小广场的表现效果图，构图协调统一，空间错落有致，纵深层次感强，组合人物的出现使画面更加稳定。

图 2-35 生态园景色

　　这是一幅生态园的钢笔速写作品，画面构图均衡，表现时注意人物近大远小的透视规律。

图 2-36 休闲广场

　　作品中植物和建筑的表现简洁明了，画面空间纵深感较强，构图如同音乐的节奏和诗词的平仄韵律，达到了错落有致、聚散得当的视觉效果。

第 3 章
园林钢笔画作画步骤

3.1 取景构图

取景构图就是截取视觉触及到景观的最佳的视野，分析物体组合时的变化，对比取舍，以最为理想的方式表现出来，使之成为画面的动态过程。

构图的先决条件是取景。取景是一种画面的构思意识，取景要选择一个合适的角度以得到最佳的场景视觉效果。首先构思要表现画面主要内容的比例和范围，确定一个比较合适的观察角度和距离。这种取景方式比较稳妥，可以确定所画场景的相对完整性，在初步的取景构思时不要将注意力聚焦在局部细节。

在取景构思中对于以何种透视形式来表现，要有清晰的判断，对透视形式的选择就是对视觉角度的调整，如果仅凭透视形式来取景，效果是不可靠的。

任何场景的表现都必然有一个主题，不可将所看到的内容都画，面面俱到，要有所取舍，避免主题表现内容出现相互重叠或遮挡。一般来说，取景是一种相对比较客观、现实的再现场景构思，并不添加过多的主观配景。构图则相对主观一些，要避免头重脚轻或两头堵的情况发生，在头脑中想象画面的预期场景效果，构图时使画面趋近于完美（图3-1~图3-3）。

图 3-1 清西陵大红门

进行构图之前，先要有一个构思画面立意的过程，画面构图尽可能做到简洁、完整、生动和稳定。这是一幅清西陵写生作品，以拱形门洞为框架进行取景，画面做了主观的设计与改变，有人有景、情景交融。

图 3-2 小区园林景观设计

　　作品画面紧凑，构图饱满。前后关系处理准确，虚实得当。水面倒影的表现富于变化，恰到好处，植物和建筑线条熟练。

图 3-3 水乡景色

　　这是一幅水乡钢笔画作品，采用对称式构图。建筑屋顶瓦片表现生动，植物表现笔法精湛，远近虚实呼应，穿梭在水面的小船为作品增色不少，为整幅画面增添了浓厚的生活气息。

3.2 明暗关系

在光的照射下，物体的各个面会呈现不同的明暗关系，以黑、白、灰来表现，它们都代表颜色的深度。

园林钢笔画的明暗关系主要通过线的疏密来表现，线条疏密对比也就是画面的黑、白、灰三个层次的对比。用线组成的各种调子不宜过于密，更不宜形成不透风的黑块。利用明暗调子与线结合的钢笔画，其效果可以更为丰富多彩。黑白的对比会使画面更显灵动，节奏感增强，也有利于光感的充分表达。园林钢笔画在明暗处理上和素描规律基本是一致的，练习中要大胆尝试用各种形式的线条来表现明暗关系，细心体会线条组织交叉处理暗部的协调与对比，充分利用线条疏密、轻重、节奏来把握画面的整体效果（图3-4）。

图 3-4 河堤景色

合理地应用排线来表现明暗渐变、空间深度是钢笔画的重要内容。这幅以自然景色为表现对象的钢笔画作品，表现手法细腻，既强调了植物、堤岸、河水自身的明暗对比、区域性对比（黑衬白、白衬黑），同时又突出了重点，拉大了空间层次。

3.3 空间层次

空间层次的表达主要是画面纵深性，要考虑景深的问题，一般分为完全景深和主次景深（图3-5，图3-6）。

完全景深。这种景深形式是比较自然的景深状态，多运用于大场景的表现，完全景深的主要优势是空间纵深感强，视觉结构完整。

主次景深。画面有明确要着力表现的主题对象，同时也有自然消失的景深作为空间效果的陪衬，这样就形成了明显的陪衬关系。这种景深形式应用较为广泛，画面感强、主题明确，对于园林小品、园林建筑的表现较为适用。

景深层次可以分为三个层次：

近景。距视线出发点最近的一个视野范围，内容多为人物和植物等配景。一般来说，近景表现可以更主观一些，其内容与形式往往更为自由灵活。近景的主要作用是为画面营造场景氛围，同时增强空间的进深效果。近景表现树木不易过多，应适当细画枝叶的层次和疏密，低矮灌木也适当给予较为充分的表达。

中景。距视线出发点中段的视觉区域，是整个画面的中心。对中景的表现不需要像近景那样深入刻画，但也不宜过于概括，至少将设计意图和效果展示出来。

远景。距视线出发点末段的视觉区域。主要作用是渲染景深效果，使之自然过渡，用笔力度要轻，不宜过多泼墨，要适当留白，给人以想象的余地和视觉的缓冲，手法上常见有远处飞鸿点缀或蓝天白云的衬托。

图 3-5 空间层次

　　不同的空间安排，能体现不同的呼应关系。墙体要挡住墙内的植物，使之不能越界，笔线表现时要轻，用墨要少；墙头瓦片表现生动自然，与墙体的大面积留白形成对比；墙内的近景植物用笔则要肯定，表现要完整。整个画面空灵、清秀。

图 3-6 延伸的小路

　　作品中大型树冠是以"几"字形的硬性笔线来表现其形状和层次的，处理较为概括，而中低绿植均区分了明暗关系，这样有利于丰富空间层次。向远处蜿蜒的小路则能避免直线的生硬僵直，优美的曲线不仅能表达画面的空间纵深感，还能增强画面的灵活性。

3.4 刻画调整

画面的后期工作是深入刻画和完善调整的过程，画完后要适当将视线远离画面，远距离看画作，根据画面效果需要加强对表现主题部分的刻画，或对配景部分的整理充实，注意画面整体黑白对比关系的协调性。

调整是一个追求完美的过程，对画作进行完善和修正，添加细节，不断地对其进行反复调整。需要注意的是在调整明暗关系与空间层次时，线条组织要有一定的艺术性。刻画调整要有理有据，切不可画蛇添足多此一举，要做到每一笔都有它存在的必要（图 3-7~图 3-9）。

图 3-7 绿植绘画步骤

绿植绘画首先要仔细观察植物的形态和特征，做到心中有数，根据不同植物特点勾画出大的形体轮廓，再进行深入刻调整，把握线条的虚实关系和光影的变化，最后完善成型。

图 3-8 热闹景区草图

这是一幅景区草图，在动笔之前要仔细琢磨所画物象的外沿轮廓、姿态和伸展方向，敏锐的观察力很关键，可以抓住稍纵即逝的瞬间，把精彩定格下来。

图 3-9 热闹景区的刻画与调整

这幅钢笔画作品是图 3-8 的完成稿，根据自己的记忆或照片对比来对场景表现进行深入地刻画与调整时，不能胡子眉毛一把抓，主次不分。这个阶段理性要多一些，画面景物形象的轻重取舍决于视物对景物视觉刺激的强度，近景石桥的处理比较有质感、重量感。

第 4 章
园林钢笔画景观表现技法

4.1 树木的表现技法

树木的种类繁多，每种树都有各自的形态和特点，从树的形态特征看，有缠枝、分枝、细裂、节疤等，树叶有互生、对生之分。绘画时要抓住特征加以区分和表现，不要被零碎复杂的造型与结构所困扰。树枝表现应有节奏感，所谓"树分四枝"，就是树干的前、后、左、右。近景的树应较为清晰地表现枝、叶的穿插关系，树干的表面纹理和质感也应有所体现。同时枝叶要表现出树种的特征，如枝叶繁茂、苍劲有力等。小树运笔宜快速灵活；老树结构多、曲折大，应注意用笔的力度和笔线的硬度。远景的树一般遵循"远树无枝"的原则，进行概括处理；中景的树重点是要抓住树形的轮廓，区分大体明暗关系和必要的细节表现。

4.1.1 棕榈科植物的表现

该科植物一般都是单干直立，不分枝，叶大，集中在树干顶部，多为掌状分裂或羽状复叶的大叶，一般为乔木，也有少数是灌木或藤本植物。表现时应注意叶扇之间的上下穿插关系和舒张方向（图 4-1~ 图 4-6）。

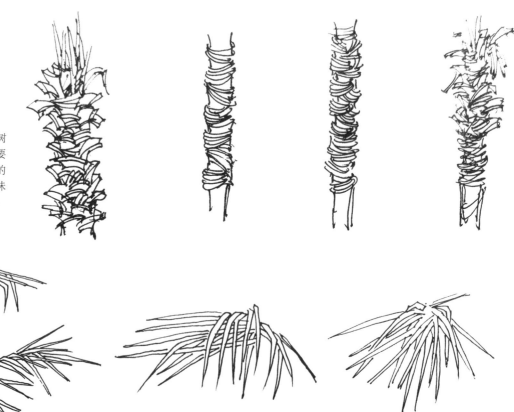

图 4-1 树干表现方法

树干表现要根据树种的生长特点进行必要的概括，尤其是树干的质感和纹路，不能一味地照抄和机械地模仿，要有主观创造。

图 4-2 叶子表现方法

叶子表现的关键在于笔线轻盈，有轻重、快慢变化，能够地表现出叶子的生命力。除了用笔讲究以外，把握好叶子之间的遮挡和穿插关系也很重要。

图 4-3 棕榈科植物表现

　　棕榈科植物的表现讲究线条的疏密和曲直，用笔要连贯最好一气呵成，而树冠的表现需要把握好植物的状态特征，如低垂含蓄或舒展大方。要正确理解和处理叶子在外力作用下发生的形变。

图 4-4 椰树

　　椰树的笔线表现鲜活，透着较强的
生命力，羽毛状的叶子笔线疏密安排合
理，短线用笔力度、方向和节奏富于变化。
通过压叠、掩映的方式也恰当地表现了
叶子的前后层次感。

图 4-5 棕榈科植物组合

　　棕榈科植物的树形可分直干型、散丛型等多种形态，叶紧靠主干呈扇形，轮生状，画棕榈科的重点在于准确画出它的形态。组合作品要表现彼此特征和主从关系，注意大小、高低、疏密的搭配。

图 4-6 棕榈

　　植物的表现技法很多，但不管哪种技法，能把植物的生机盎然画出来，那就是好作品。棕榈叶子的形态要贴近自然，注意不同季节、气候下植物的变化，比如在风的吹拂下，叶子会随风舒展。

4.1.2 树干的表现

　　树的枝干基本决定了树的整体形状，枝干的画法注意干粗而枝细，自然形态中的树干千姿百态，绘画时应做到既要有主次关系，又要注意删繁就简。拿捏好枝干的附属关系，注意枝条的粗细变化和前后关系，明暗的表现不易过于强烈（图4-7，图4-8）。

图 4-7 树干表现步骤

　　根据树的长势来安排线条的疏密、朝向和平衡，通过对形体的概括，把树干的结构关系体现出来，讲究"树分四枝"，从树干前、后、左、右四面出枝，出枝的原则是枝条不能等长，粗细要有变化。大枝生小枝，小枝生细枝，参差错落，既要丰富多变又要灵活不乱。

图 4 -8 树干的表现

　　树干由于树龄及种类不同，有的光滑、有的粗糙，树干纹理也不尽相同，线条表现要具有针对性，不能模式化。作品为成年树干的表现，树干用笔要顿挫有力，以求圆润、凝重、含蓄，切忌刻板。树干纹路纷杂，注意线条的流畅和方向性，一定要体现出树干的明暗结构。

4.1.3 松柏的表现

松树刚劲挺拔，姿态变化万千，为轮状分枝，节间长，小枝比较细弱平直且略向下弯曲,针叶细长成束。其树冠看起来蓬松不紧凑。表现时，首先注意松树的姿态要自然，把握好重心，不能画倒；其次注意枝干纹理的的处理，针叶的表现要短促而有力（图4-9~图4-12）。

柏树坚毅挺拔、斗寒傲雪，乃百木之长，素为正气、高尚、长寿、不朽的象征，柏树分枝稠密，小枝细弱众多，枝叶浓密，树冠完全被枝叶包围。针叶形态及组织密实，叶团之间空隙较小，运笔表现时注意观察叶团的生长形态，并根据叶团的凹凸不同,变化运笔的方向（图4-13）。

图 4-9 雪松表现技法

雪松表现有较强的明暗对比，两棵或多棵时要注意彼此间的主次关系。

图 4-10 清西陵古松

　　清西陵古松是作者写生之作，勾画时用笔要有顿挫，松鳞的表现要有轻重、虚实变化，松鳞多出现在松干的暗部或转折处，松鳞与松干轮廓要贴切。松针多为扁圆，形如蝶状，勾画时可由外向里用笔，松针的组织要有疏密变化。松枝要有交错与前后穿插，注意松枝的姿态与主干相区别，松枝之间尽量不要有平行或垂直关系。

图 4-11 松树钢笔表现

作品以简约的手法处理松树的形态，用笔轻松自由，重在表现意趣和神韵，是一种写意手法，表现出了松树的生机与活力。

图 4-12 松树和柏树

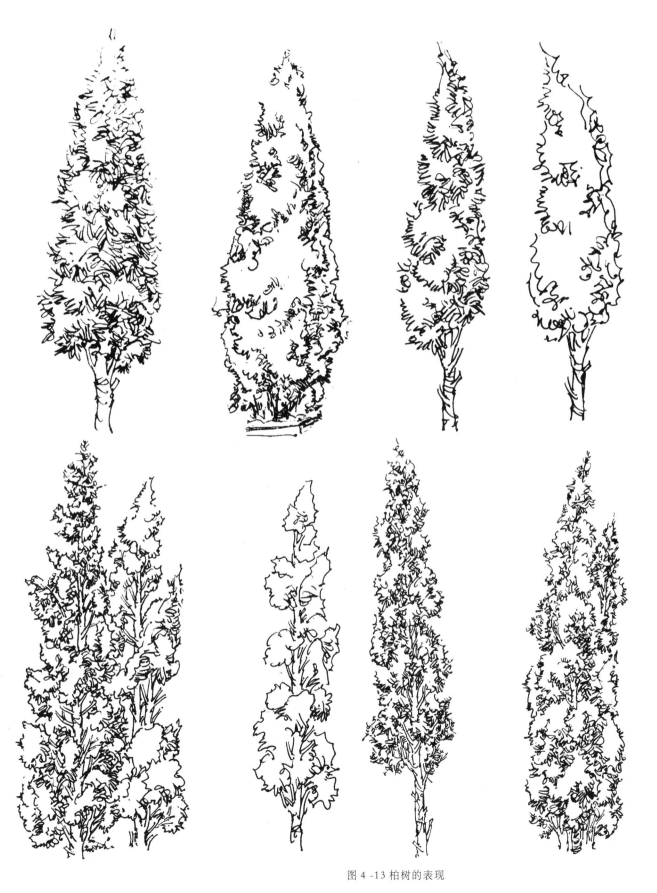

图 4 -13 柏树的表现

柏树的表现要用笔灵活，注意线条的虚实和粗细变化。

4.1.4 其他绿植的表现

根据绿植自身生长特征，予以不同的笔线表现，注意画叶子时笔线尖锐与圆润的起伏变化，合理组织线条的疏密关系。低矮的绿植一般起到分割空间和丰富场景的作用，表现时要注意把握绿植丛与丛的前后关系，个体之间相互穿叉、交汇的关系，应先抓住其生长形态和叶子形状，用自由活泼的笔线准确表现（图4-14~ 图4-20）。

图 4-14 单株绿植

绿植的表现要注意用笔的轻、重、缓、急，笔触的直、曲、动、静，抓住主要特征进行深入刻画。

图 4-15 绿植的用笔技法

　　植物叶子的表现线条不要完全闭合，要随意自然，叶子要注意区分大小和形态，线条要有粗细变化。

图 4-16 小树的表现

　　画植物要有三维意识，表现要有顶面（底面）、正面和侧面，用笔方向要注意区分面的转折。作品中植物的表现枝繁叶茂，用笔连贯而又富于变化，层次表现丰富。

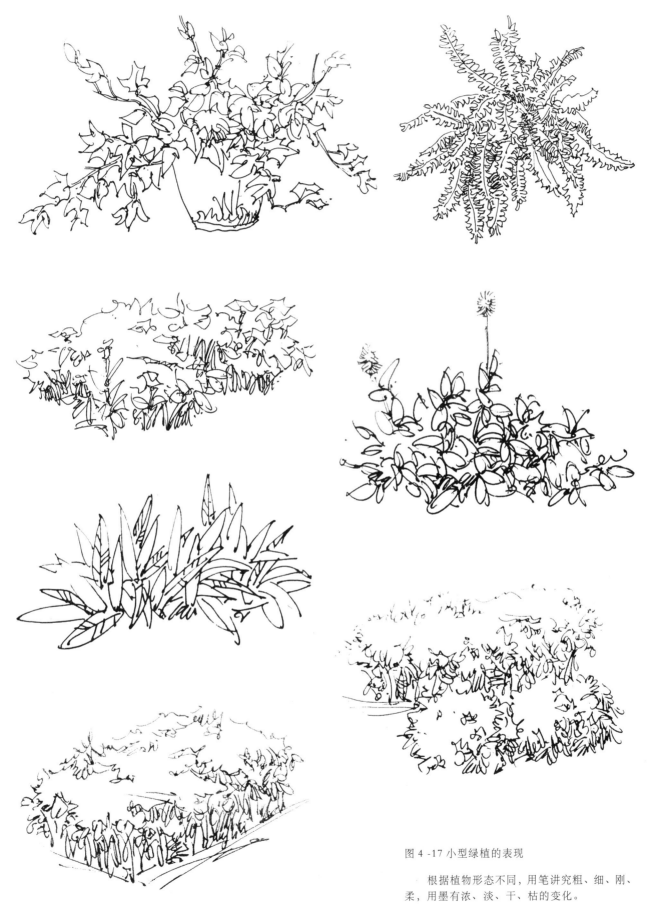

图 4 -17 小型绿植的表现

　　根据植物形态不同,用笔讲究粗、细、刚、柔,用墨有浓、淡、干、枯的变化。

图 4-18 绿植的组合

这组作品抓住了绿植各自的特征和生长特点，表现生动有趣。

图 4-19 不同树木

作品对不同树木进行了表现，树种的类别不同笔法也随之变化。不能按部就班，而是要有自己对树木画法的理解和判断。

图 4-20 低矮绿植层次表现

　　这是一幅笔线练习图，注意低矮绿植的层次把握和表现。

4.2 建筑的表现技法

　　要画好建筑，首先要符合透视规律，画线要果断而明确，不能拖泥带水，对于建筑风格和结构空间的处理，讲究表现方式与技巧。在表现建筑的明暗关系时运用线的排列，但排线不易过密防止形成黑块，排线要适度变化，横竖不同的排线对比不宜过大。一幅优秀的钢笔画建筑，要有一定的艺术感染力，对于建筑展现的神采气韵的表现也很重要（图 4-21 ～图 4-34）。

　　街景也是钢笔画很好表现的题材，不仅富有生活情趣，而且对培养与锻炼手、眼的高度的协调能力以及在动态中捕捉和定位人物和交通工具大有好处（图 4-21 ～图 4-40）。

图 4-21 欧式建筑

这是一幅钢笔画建筑快速表现作品，暗部的排线疏密结合，笔线顺畅连贯，笔走龙蛇，顾盼生姿。

图 4-22 特色建筑

作品构图均衡，右上角枝叶起到了平衡画面的作用。线条是造型的手段，也是作者情感的宣泄与喷发。建筑表现气势恢宏，建筑与绿植之间主次关系处理得当。

图 4-23 建筑透视

　　作品表现笔调清新秀美，画面干净。作品入笔、行笔、收笔中的起伏轻重力量恰当。

图 4-24 建筑结构的表现

　　建筑的透视和表现都很有情调，笔法精湛。美中不足的是作品构图略显失衡，右上方可以加入局部枝叶或飞鸟来平衡画面。

图 4-25 小房子

　　作品中建筑内部透过窗洞来表现，用排线表现明暗要有规律性，根据形体结构安排组织线条。作者对暗部用线方向和线的疏密程度均处理较好，作为配景的绿植笔线灵活多变。

图 4-26 古建侧面

　　作品用笔肯定，树木的表现笔线活跃富有变化，较好地烘托了建筑，电线在画面中起到了骨架作用，而远处的飞鸟则更好地平衡了画面。

图 4-27 古建筑正面

　　作品表现恢宏大气，建筑结构及明暗处理得当，车体、人物都是用勾勒轮廓线的方法来表现，同建筑形成虚实对比，有助于烘托场景氛围。

图 4-28 古亭

　　作品中古亭的结构和明暗关系表现较好，画面黑白、虚实处理得当。瓦片与木架结构表现生动自然，概括的植物起到了突出画面主题的作用。

图 4-29 屋檐与墙体的表现

　　这幅钢笔画作品绘画视角较低，建筑结构表现准确，虚实处理得当，舍弃了表面的、繁琐的、次要的东西。

图 4-30 民居的景象

　　这是一幅民居钢笔画作品，房屋前后虚实关系及阴影部位的处理都很到位，形体间彼此呼应、相互衬托、画面构图完整。

图 4-31 徽派建筑

　　这组作品左右采用对称布局，线条运用准确得当，建筑结构和形体表现较好，但缺少了视觉中心。

图 4-32 民居街景

　　作品对建筑物的处理重点放在了屋顶，弱化了墙体的表现，二者黑白、虚实对比强烈。树冠与房顶相互掩映，配景树冠的留白处理手法得当，人物的出现也对画面起到连贯的作用。

图 4-33 古巷

　　作品采用了平行透视的画法，画面稳定。作画时讲求用笔的力度、气韵和趣味，体现了作者对线条的认知程度。

图 4-34 大瓦房

　　这幅钢笔画作品，瓦房的处理朴实简洁，枯树枝干的表现把钢笔画线条艺术发挥到了极致，作画前只有做到心中有数，下笔时才不至于拼凑。

图 4-35 热闹的街市

　　作品线条和色调并重，线条有轻重、粗细、刚柔变化，光影明暗关系表现正确，阴影处排线也疏密得当，没有拥堵的感觉，形成了深浅层次和明暗韵味。场景中的人物更加活跃了画面的气氛。

图 4-36 古镇街头

作品对建筑暗部均采用了排线的方法，笔线错落有致，场景远近表现虚实有度，笔线粗细及力度各不相同。

图 4-37 民居的构图表现

　　这幅钢笔画勾勒的效果图，选用了平行透视的
画法，建筑结构和门饰的表现都较为细致，右下角
处的摩托车起到了平衡画面的作用。

图 4-38 水乡

这是一幅水乡钢笔画作品，场景表现内容丰富，熙攘的人群和穿梭的小船，丰富了画面气氛。人物的外形处理符合透视关系，画面近景、中景、远景层次分明，主宾关系明确。

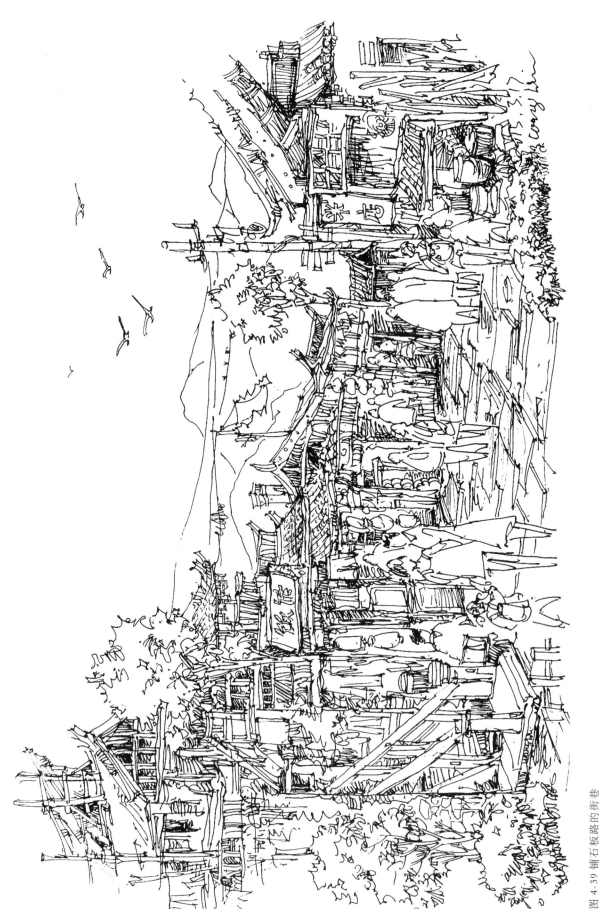

图 4-39 铺石板路的街巷

作品表现场景开阔，房屋与街道的处理也别具一格。不同的人物在画面中起到了调和画面的作用。

图 4-40 街头

　　这是一幅街头钢笔画写生作品，画面有动有静，人物表现精炼概括，建筑表现生动，笔线灵活，并有较强的光影效果。

4.3 水体的表现技法

　　水的表现方法是没有固定模式的。一般来讲，要尊重自然、合乎规律。园林中的水体有自然或人工形成的湖、瀑布、喷泉、跌水等。静水表现一般要有倒影，一般以"Z"字型线形来表现，用笔要上紧下松，收尾自然含蓄，不宜过分刻画否则会分散主题；流动的水，一般用笔要迅速，线要虚实得当、舒缓自由。喷泉及水幕一般是在高压或大落差的条件下生成，水体会形成扩散形水柱及溅落的白色水花，水花宜用半闭合的自由线表现，最好不用实心点来表现飞溅的水滴。瀑布的线稿表现时笔触不宜过密，要适当留白。强调水的动感时，线条交汇处表现涟漪和飞溅的水花，考虑光线、环境带给水流的影响和变化，有意识地加强或减弱所表现的景观，以求得湍急水流在画面中良好的视觉效果(图4-41～图4-46)。

图 4-41 喷泉

　　喷泉是借助机械动力射向空中的一种动水，水态成白色柱状，勾线需活泼自由，溅起的水花跌落的处理要自然。

图 4-42 溪流（1）

图 4-43 溪流（2）

图 4-44 瀑布

　　瀑布主要靠两旁的山石或者用水中的碎石来衬托。水可以用律动的线条来表现，用笔要迅速简洁，有松紧变化，注意表现水的流速和撞击石块溅起的水花。通过画面中动与静、黑与白的强烈对比，把水画"活"。

图 4-45 跌水

　　跌水具有可视、可听的独特效果。用线方向要自上而下，起笔收笔注意虚实结合，线条长短并举，疏密有别。

图 4-46 静水

　　静水主要靠水边的植物和水中石块的倒影来表现，静水水面多以短促的直线或"Z"字型曲线来表达。水体不宜做大面积刻画，与石块、堤岸结合处需加深处理。

4.4 人物的表现技法

4.4.1 人物画法

人物是园林景观中很重要的配景，可以增强画面生动感，体现空间进深。大致分为近景人物、中景人物、远景人物。

近景人物的表现为了美观，要适当高挑一些，人物身高比例常见为8～10个头。我们在画近景人物时，要注意线条尽可能简洁，抓住动态。反映人物肢体或是贴近人体结构部位的衣着轮廓线要以实线表现；而飘动的衣着则以虚线来表现。画衣服纹理时要注意来龙去脉和整体关系，要取对表现人物躯体、动势、结构具有表现力的线条。

中景人物一般需要配合情节表现场景，注意人物大小与周边环境的比例，不需过于刻画人物特征。

远景人物则注意用概括的线条表现大致动态而省略细部刻画，也可以只勾勒轮廓，主要是为了表达空间延续、活跃气氛。

配景人物写实表现对于没有学习过绘画的同学来说有一些难度，但通过平时大量的练习，是完全可以掌握的，另外，对现实生活中人的体态特征进行观察和理解也很重要。

4.4.2 人物形象特征表现

男女的表现，除了服饰的不同，还要注重生理特征的表现，如男士肩部较宽，胯部略窄，表现宜用刚性线条；女士肩部略窄，腰细胯宽，表现则宜用轻柔的曲线。

由于年龄和社会职业的不同，人物的行为和着装要与其身份相符合，如商务男士则以西装与手提箱作为配饰出现，动作硬朗；年轻人一般衣着前卫时尚；少女的表现则要以轻盈的笔线，一般多梳马尾辫，着背带裤、牛仔裤、短裙等，而男孩多以着夹克或 T 恤的形象出现。

4.4.3 人物配置图例

4.4.3.1 人物单体

人物单体区分有动态和静态，表现角度常见有正面、侧面和背面，姿势多以站、蹲、坐姿为主。注意人物重心的把握，重心的位置在人体骶骨与脐孔之间(图 4-47 ～图 4-49)。

图 4-47 人物单体（1）

图 4-48 人物单体（2）

图 4-49 人物单体（3）

人物表现关键是抓住人物体态特征，把握好人物的身体结构与比例。线条讲究简洁流畅、刚柔相济，能够通过衣褶表现人体的动态，切忌看到什么画什么。

4.4.3.2 组合人物

景观表现图中需要有人物来活跃气氛，如小区、街道、公园等，人物的表现方法可根据场景画法采用较为细致的画法或夸张的画法，不管采用哪种画法都要与所画场景相协调。要根据不同的景深关系来配置人物，不同的人物形象可以有效体现空间进深，拉开远近层次。

人物分布的疏密关系也很重要，注意安排、调整人物间隙，表现有松有紧的自然效果，不要过于呆板。强调人物组合，通常以两人或三人为一组，多用以交代场景的热闹氛围，但要注意疏密节奏的把握和控制。画面中配景人物的数量、年龄和衣着要根据表现环境内容进行合理配置。

人物的出现更大意义上阐述了场景的性质，有助于烘托气氛，双人表现多为同学、情侣、母子等，互相搀扶或是前后追逐，使画面更具情景化。表现时要注意两人的动作协调、距离远近、高矮胖瘦等（图 4-50~ 图 4-53）。

图 4 -50 组合人物（1）

图 4-51 组合人物（2）

图 4-52 组合人物（3）

图 4-53 组合人物（4）

　　组合人物表现重点是把握人物之间的呼应和主从关系，要求对比协调、突出重点。人物组织疏密聚散、错落有致，对主体人物动态和形象特点必须把握到位。注意组织画面的松紧，使画面主题突出、造型生动。

组合人物布局要点：

　　(1) 画面的构图和情景决定人物的多少和聚散，三五成群、彼此呼应。画人群时，一般省略人物的大部分细节，只保留轮廓（图 4-54）。

　　(2) 人物动态情节表现不可过于夸张，人物在画面中也不宜过大，以免影响画面构图和主题表达。

图 4-54 远景人物

　　远景人物的表现可以适当简化，勾画形体的轮廓即可，以夸张的手法体现人物的美感。不需要细致刻画五官或衣着。要想通过寥寥数笔使之跃然于纸上，前提是需要对人体结构与运动规律有透彻的理解和把握。

4.5 车体的表现技法

汽车和摩托车是园林景观中重要的配景之一，也是都市环境中随处可见的交通工具。在绘画时要掌握其基本结构、透视与比例，表现线条要流畅，注重线条的虚实衔接。

注意交通工具与环境、建筑物、人物的比例关系，增强真实感。表现运动中的车体时，笔触要果断，行笔要迅速（图 4–55 ~ 图 4–59）。

图 4-55 汽车（1）

图 4-56 汽车（2）

图 4-57 汽车（3）

　　车体的表现线条要流畅，不可断断续续，明确车体的结构和透视关系，透视关系是否正确是能否画好车体的关键。表现时要有三维空间意识，一般车体表现正面、侧面和顶面三个面，具体透视关系要依据园林场景而定。刻画场景时还要考虑汽车与建筑物的比例和透视关系，抓大放小，突出重点。

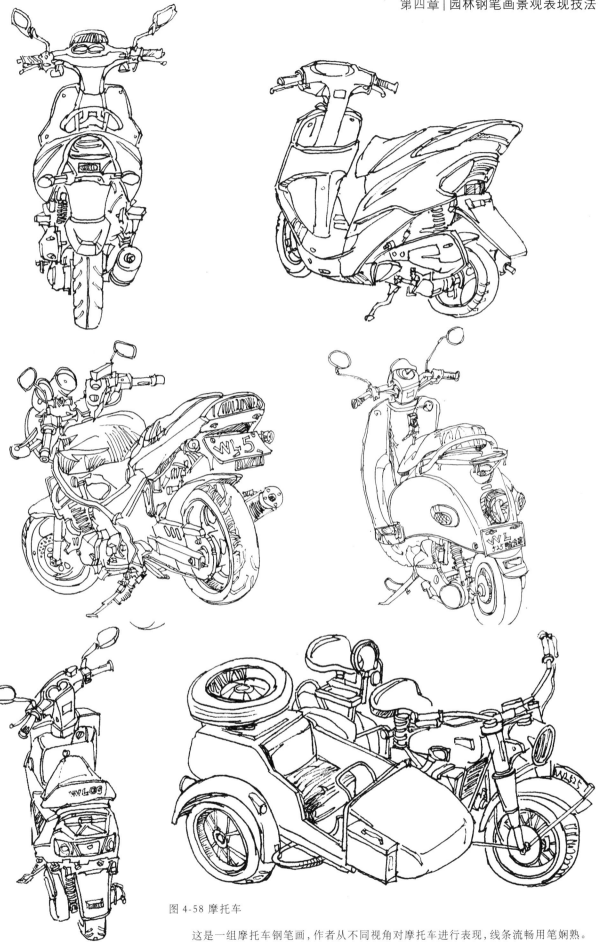

图 4-58 摩托车

这是一组摩托车钢笔画，作者从不同视角对摩托车进行表现，线条流畅用笔娴熟。

图 4-59 其他交通工具

　　车体表现没有完全照抄实物，进行了适当
概括，用笔一气呵成。

第5章
园林钢笔画实例分析

5.1 古典园林风景实例

对于场景的表现，首先要注意明暗关系和虚实对比，表现线条要有情感性，能够较好地控制画笔节奏和行笔速度，区分不同质感、特征。充分考虑画面构图的节奏变化，除外轮廓的节奏变化之外，还体现在画面空间层次的丰富性。在画面中设置明确的近景、中景、远景，能够使画面节奏感变得更强、更为真实生动。利用物体彼此之间的线条疏密关系相互影响、相互衬托，用自由洒脱、丰富细腻的线条拉开空间关系，丰富场景层次（图5-1~图5-9）。

图 5-1 绿丛中的亭子

树是风景钢笔画常见的配景，远景、中景、近景中树的刻画可以丰富画面层次。作品对亭子的结构和质感的表现较为充分，树木的高低、远近配置很好地突出了主题。

图 5-2 公园一景

　　这是一幅公园钢笔画写生作品，画面构图紧凑，虚实、疏密处理得当。植物的刻画笔线细腻，是一幅很不错的写生作品。

图 5-3 景墙内外

　　作品对墙内外的植物表现有所区别，虚实结合，整个构图均衡稳定。

图 5-4 景观石与绿植

　　作品中草丛表现有层次，草叶舒展，景观石表现注意凹与凸、透与实、皱与平的变化，用笔果敢，整幅画面刚柔相济，疏密有致。

图 5-5 竹子与石

作品中景观石的表现熟练概括，绿植生机盎然，表现竹叶时要注重整体性。景观石的留白处理与竹叶形成鲜明的疏密对比。

图 5-6 亭子特写

作品中亭子是画面主题，表现具体，明暗和黑白关系处理得当，植物作为配景虽用笔不多，但视觉效果好，画面构图均衡。

图 5-7 景墙

　　作品中景墙的留白与绿植的繁茂形成了鲜明对比，玲珑剔透的山石，再配以得体的绿植，画面古朴清旷、妙趣横生。

图 5-8 亭子与水池

　　这是一幅园林风景钢笔画作品，作为画面主题的亭子刻画地比较细致，无论是结构处理还是明暗关系。水的处理简约明快，给整幅画面以视觉缓冲。

图 5-9 园林建筑

　　作品对古建筑的形体与结构表现手法细腻，暗部采用了密集排线的方法。砖墙表现虚实结合，整体构图均衡。

5.2 园林风景花木实例

　　钢笔画是画者心灵的流露与抒发，内在蕴含着精神，外在体现着韵律和节奏，讲究"求心写物"而不是单纯的模仿。花草表现时用笔要一气呵成，尤其是画叶子时不能断断续续，表现叶子的穿插关系要自然生动。画芭蕉时要注意叶片的卷曲或舒展的走势，树干往往是叶子脱落后留下的柄，要画出植物生命的迹象来，画出其中的妙趣（图 5-10~ 图 5-18）。

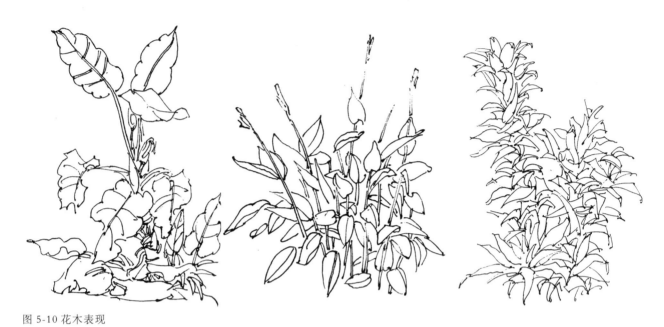

图 5-10 花木表现

作品中的植物从整体或单枝来看，都比较自然生动。

图 5-11 绿植组合

作品中绿植的表现较为细致，对景观石处理的用线力度、硬度把握较好。

图 5-12 植物

　　作品对行笔的力度和画面节奏把握较好，而且植物整体很有层次。

图 5-13 小叶绿植

　　作品为小叶植物的表现，叶子形状多变，虚实对比鲜明。

图 5-14 大叶绿植

　　这是一组大叶绿植的钢笔画作品，作者用笔收放自如、粗线显刚、细线见柔，较好地理解和表现了叶子的各种姿态。

图 5-15 草丛与柳叶

　　这组钢笔画作品，表现了茂盛的草丛，草叶用笔柔美，叶与叶之间相互掩映、穿插。下垂的柳条用笔舒展，荷叶与草之间的虚实处理手法值得借鉴。

图 5-16 常见绿植配景

　　这是一幅常见绿植配景，作者能够较好地抓住绿植特征进行发挥和创作，用笔干脆利落。

图 5-17 绿植的单体与组合

　　这是一组绿植单体与组合的钢笔画作品，绿植单体
表现生动，线条流畅大方；花坛中绿植组合的层次、疏
密处理得当，花坛侧墙石块的表现也较为细腻。

图 5-18 花木组合

作品中龟背竹的表现生动，石块暗部
处理用线讲究。

5.3 园林风景山石实例

假山石造型中有瘦、漏、透、清、顽、拙之说，山石结构体面的关系变化
无穷，写生一定要根据其特质而采用不同笔法表现出内在神韵，用线要灵活一
些，用笔轻松顺畅、顿挫曲折、果敢肯定、干净利索，注重表现其硬朗、粗糙
的质感，作画过程中不必过于拘谨。用线要注意横竖对比和穿插排列，繁简相间，
用线收放自如，注重石头体积感的表现，一般至少画三个层面，注意处理面与
面、石与石的虚实关系。除鹅卵石外，大部分石头表面粗糙、坚硬、边角锋锐，
形状没有规则（图 5-19~ 图 5-25）。

图 5-19 山石（1）

　　作品中石块形体较大，石面起伏，凹凸变化，缝隙结构线灵活，明暗关系的处理增强了石头的体块感。

图 5-20　山石（2）

　　石块的表现形体规则，石面变化简洁，笔线顿挫有致，表现时要注意棱角线的曲直变化和石块的明暗关系。

图 5-21 山石（3）

　　作品对钢笔线条的驾驭炉火纯青，线条飘逸俊美，随着石块的凹凸变化，入乎其里，出乎其外，表现酣畅淋漓，气韵连贯。

图 5-22 景观石

这是一组景观石钢笔画作品，作者对景观石的形体及空间结构理解深入，表现准确，画法灵活不拘谨，尤其是孔洞处线条的运用更为得法。

119

图 5-23 景观石与河边石头

　　作品中无论是景观石还是普通的石头，体块感都很强，线在块体的转折处走势准确而恰当，突出表现了石头的结构特征。

图 5-24 散布的石块

　　作品表现的是散布的石块，石块体积较小而数量众多。注意石块之间的大小组合与疏密关系，使画面有节奏感。

图 5-25 山石写生

　　这是一组山石钢笔画作品，石头形体的表现厚重自然，体面分割较细，对暗部用排线的方式进行了加深处理。石块的表现需要在有形的范围和允许的规则内，表现出更多的意味和新意。

5.4 写生实例

钢笔画风景写生创作，是对自然的一种领悟，是传达某种理念和情感的形式语言。从构思开始，就要注意所画作品表现的主题和情感宣泄的倾向，同时手绘写生也是需要灵感的，而灵感的产生是在思维状态连贯的前提下，通过手、眼、脑的配合，将瞬间闪烁的美妙一刻，用笔记录下来。讲究气韵连贯，没有不必要的停顿和间隔，在理性和感性之间用笔游走其中。这也是用电脑绘图手段所远远不能达到的境界。

"好记性不如烂笔头"，勤奋的写生练习是必要的，钢笔画是一个循序渐进的熟练过程，练到一定程度就可以随心所欲地去创作了。而写生是直接面对自然进行描绘的一种绘画方式，可以行之有效地将大家模糊的认识加以梳理和深化，通过认真揣摩体会其中的奥秘，尽早领悟出钢笔画的真谛（图5-26~图5-56）。

图 5-26 清西陵景区一角

这幅钢笔画作品，松树枝干的表现特征明显，较好地表现了其生长态势，绿植作为配景详略表现得当。

123

图 5-27 清西陵石像与松树

　　这组清西陵作品刻画细致入微，比例关系正确，构图表现上也下了不小的功夫。在表现雕塑与石像时，注意把握好所画对象的材料质感。

图 5-28 清西陵石像

　　这是一组清西陵石像写生作品，石像刻画细致，体态表现合理，画面构图稳定。

图 5 -29 清西陵石桥一侧

　　这是一幅清西陵石桥边的钢笔画作品，线条的轻重、断续恰当地表现了砖石的古朴，古松与低矮灌木的钢笔线条活跃而有趣。

图 5-30 人物与马匹

　　这幅作品是清西陵写生时途经的人物和马匹。作画不仅需要敏锐的观察力和捕捉画面的能力，更需要在尽可能短的时间内把看到的景象记录下来，同时用线条语言生动表现出来。

图 5-31 山庄写生

　　这幅钢笔画作品是作者带学生写生时的山庄驻地，画面内容丰富，构图饱满。蒙古包式的建筑与对面的瓦房建筑样式对比鲜明，画面处理虚实得当。

图 5 -32 校园一角

　　这是一幅校园写生钢笔画作品，侧重了植物表现，构图略显松散。人物的动态与场景不是很吻合。

图 5-33 别墅景致

　　这幅钢笔画作品表现了远处的建筑、葱郁的植物、石头和流水，画面视野开阔，构图讲究，石头与流水表现都很不错。

图 5-34 现代园林景观

　　这是一组城市景观作品，表现中要注意绿植与城市设施间的相互关系，明确主题和配景，把握好环境的空间层次。

图 5-35 场景表现

　　这是一组现代景观钢笔画作品，作品强调近景、中景和远景的视觉效果，穿行的人物起到了活跃画面的作用，画面线条简洁流畅。

图 5-36 写生

　　这组写生作品表现风格有所不同，上图木架结构及植物用笔准确大方，远景山体处理概括；下图画法强调素描关系，朴实厚重，二者各有特色。

图 5-37 农家小院

　　室外建筑效果图在绘制的时要注意光影的把握及建筑与植物的前后虚实关系，这组钢笔画作品用排列的线条来表现阳光下建筑的暗部，屋顶的概括处理及植物的表现都很有特色。

图 5-38 保定生态园一角

　　这是一幅钢笔画快速表现作品，房顶的密集笔线与相邻的绿植形成了黑白对比，近景与远景的虚实表现也比较到位。

图 5-39 农家

　　这幅作品构图完整，画面稳定。房舍表现虚实对比、繁简得当。植物笔触灵活，层次感较好。

图 5-40 老屋

　　这幅钢笔画作品，用笔酣畅淋漓，线条曲直变化巧妙，运笔快慢自如。建筑结构处理准确，表现生动。

图 5-41 乡下

　　这组作品对房屋的刻画较为得体，尤其是房屋结构和明暗关系表现。注意要根据光影变化来组织线条，适当穿插曲线排列与直线相互补充。

图 5-42 村舍

　　作品表现线条流畅，对建筑的木质结构理解到位、表现充分，暗部处理用线紧凑。注意线条组合要巧妙，对所画景物进行概括和取舍，做到意在笔先。

图 5 -43 田园草屋

这幅钢笔画作品中的草屋是画面的中心，整体明暗处理较为得当、构图合理。

图 5-44 村外

画面中房屋木架、矮墙、绿植融为一体，线条韵律优美，自由而富有个性的曲线使绿植显得郁郁葱葱。

图 5-45 农家小院

　　这是一幅农村小院钢笔画，作品表现质朴，画面构图方正，内容鲜活，极富生活情趣。注意用笔要表现其内在气韵，笔法不宜过于花哨。

图 5-46 小景

　　这幅钢笔画景观作品表现内容丰富。人物和马车的出现为画面增色不少，使平静的画面荡起一丝涟漪，画面感很强。

图 5-47 村舍

这是一幅极具生活情趣的钢笔画，表现较为细腻，房顶瓦片与院落表现生动自然，繁茂的植物作为背景更好地烘托了画面主题。

图 5-48 村子一角

这是一幅建筑钢笔画，线条有较强的表现力，能准确表达建筑的结构和明暗关系。

图 5-49 民宅街巷

这是一幅街巷的钢笔画作品，主要表现了建筑、水面及生活场面。刻画详略得当，画面中的电线起到了骨线作用，使画面更加生动。

图 5-50 农家后院

这幅作品是作者的写生习作，对树木，篱笆、杂草的用笔力度、速度各不相同。

图 5-51 农家柴院

　　这幅写生作品，是以农家柴院为表现对象的，作者较好地处理了画面主题与配景的关系，很有生活味道。

图 5-52 农村房舍

　　作品注重明暗关系的表达，线条疏密处理得当，用笔肯定果敢。

图 5-53 小村外

这幅钢笔画作品，画面清秀，用笔干脆利落，表现较好。

图 5-54 植物

这幅户外钢笔画写生作品用熟练的笔法表现茂密的树林，虚实结合，高低错落。注意表现时不能黑漆一团，也不能空洞无物，要黑白对比相互协调。

图 5-55 木屋

这幅写生作品表现较为
写实，木屋和石墙的质感表
达用笔极为讲究。远近植物
的黑白关系协调统一，画面
构图稳定。

图 5-56 农家院

这是一幅农家院钢笔画写生作品，极具生活情趣。构图中有枯木也有茂密的植被，晾晒的几件衣服做了留白处理，与背景形成了黑白对比。

参考文献

［1］金晓冬．景观手绘表现基础技法．沈阳：辽宁科学技术出版社，2011.7.

［2］陈新生，陈蓓．建筑室内外钢笔画表现．合肥：安徽美术出版社，2006.12.

［3］宫晓宾，高文漪．园林钢笔画．北京：中国林业出版社，2006.10.

［4］严健，张源．手绘景园．乌鲁木齐：新疆科技卫生出版社，2003.10.

［5］赵航．景观建筑手绘效果图表现技法．北京：中国青年出版社，2006.11.

［6］邓蒲兵．景观设计手绘表现．上海：东华大学出版社，2012.1.